Zur Betriebskontrolle der Kolbenpumpen.

Von Prof. Dr.-Ing. A. Staus, Eßlingen.

Wirtschaftlich arbeiten heißt, mit einem Minimum von Aufwand ein Maximum von Wirkung erzielen. Das setzt voraus, alle vermeidbaren Verluste auch wirklich zu vermeiden, sichtbare Mängel zu beheben und nicht offen zutage liegenden auf die Spur zu kommen. Wie man diesen Forderungen und Voraussetzungen im Betrieb bei Kolbenpumpen, insbesondere Wasserwerkspumpen, nach Möglichkeit gerecht werden kann, ist der Inhalt der nachstehenden Ausführungen.

Bei einer Kolbenpumpe können wir 5 Wirkungsgrade unterscheiden und experimentell feststellen, nämlich

    a) den volumetrischen Wirkungsgrad η_v,
    b) den hydraulischen Wirkungsgrad η_h,
    c) den indizierten Wirkungsgrad η_i,
    d) den mechanischen Wirkungsgrad η_m und
    e) den Gesamtwirkungsgrad η.

Es wird sich als zweckmäßig erweisen, diese einzelnen Wirkungsgrade der Reihe nach durchzunehmen, ihre Bedeutung zu kennzeichnen und den Weg anzugeben, wie man ihre Größe mißt. Dabei werden sich dann die hieraus zu ziehenden Folgerungen für die Betriebskontrolle jeweils von selbst ergeben.

a) Der volumetrische Wirkungsgrad η_v.

Der volumetrische Wirkungsgrad ist das Verhältnis von tatsächlich geförderter Wassermenge Q zu der aus dem Hubvolumen und der Drehzahl sich berechnenden theoretischen Fördermenge Q'. Es ist also

$$\eta_v = \frac{Q}{Q'}$$

und bringt einen hydraulischen Mengenverlust zum Ausdruck.

Das Hubvolumen V läßt sich leicht aus den Abmessungen der Pumpe berechnen, wobei die Bauart zu berücksichtigen ist.

Liegt z. B. eine doppelt wirkende Pumpe mit Scheibenkolben und einseitig durchgeführter Kolbenstange vor und ist

    s = Kolbenhub in dm,
    D = Zylinderdurchmesser in dm,
    d = Kolbenstangendurchmesser in dm,

dann ist das Hubvolumen V in Liter:

$$V = \frac{\pi}{4}\,(2\,D^2 - d^2)\,s.$$

1